★ 给孩子的博物科学漫画书 ★

Jungle Survival

误入蚁穴

甜橙娱乐 著

中国纺织出版社有限公司

图书在版编目（CIP）数据

寻灵大冒险. 6，误入蚁穴 / 甜橙娱乐著. --北京：
中国纺织出版社有限公司，2020.11
（给孩子的博物科学漫画书）
ISBN 978-7-5180-7921-6

Ⅰ.①寻… Ⅱ.①甜… Ⅲ.①热带雨林 — 少儿读物
Ⅳ.① P941.1-49

中国版本图书馆CIP数据核字（2020）第182756号

责任编辑：李凤琴　　　责任校对：高涵　　　责任印制：储志伟

中国纺织出版社有限公司出版发行
地址：北京市朝阳区百子湾东里A407号楼　邮政编码：100124
销售电话：010—67004422　传真：0100—87155801
http://www.c-textilep.com
官方微博http://weibo.com/2119887771
北京通天印刷有限责任公司印刷　各地新华书店经销
2021年3月第1版第1次印刷
开本：710×1000　1/16　印张：10
字数：120千字　定价：39.80元

推荐序
开启神奇的冒险之旅吧

  在我的童年时代，《小朋友百科文库》是我所读科普类书籍的主要组成部分。十多年前，我就一直想把来自世界各地的雨林动物以动画的形式展现出来，后因种种事情的牵绊未能付诸实施。这次重新筹划，我不但感到欣慰，回忆昔日，心中充满了温馨。

  这是一部充满雨林冒险与团队励志的长篇故事，让所有的小观众们不仅能领略雨林中的大千世界，还能体会剧中主角们勇往直前、坚韧不拔的毅力。更倡导全世界未来的小主人公们，一起关爱自然，维护我们共同赖以生存的家园并与自然界中的生物和谐共处。

  从 2012 年开发《寻灵大冒险》3D 动画，到今天已经累计在全球 100 多个国家和地区发行。相关漫画图书在世界范围内售出 400 多万册，成为许多家长和学校高度推荐的畅销书。

　　希望所有的小读者们能与父母一起亲子共读此书，家长饱含深情地给孩子朗读和演绎故事，按照故事情节变换不同的语调和声音，会增加孩子情绪分化的细腻性，有利于孩子情感体验和情绪表达的健康发展。大一点的孩子完全可以自主阅读，或许你会和故事中的主角们一样的勇敢啊！

　　下面让我们和剧中的马诺、丁凯等主角们一起，开启这趟神奇的冒险之旅吧！

《寻灵大冒险》《无敌极光侠》编剧

2020 年 7 月

人物介绍

马诺 ♂

　　男，11岁，做事有点马马虎虎，大大咧咧，但待人很真诚，时刻都会保护大家，是全队的动力。

丁凯 ♂

　　男，11岁，以冷静见长，因为自己很有能力所以性格很强，虽然不能成为全队的领袖或者智囊，但可以在队伍混乱时，随时保持冷静的观察和谨慎地思考，因为和马诺的性格不同所以演变成了微妙的竞争关系。

兰欣儿 ♀

女，11岁，看着像一个弱不禁风的小女孩，其实人小能量大，遇事沉稳，但难免有时会比较急躁，虽然总被惹事精的马诺所折磨，但觉得马诺在任何时候都会支持自己所以很踏实。

兰冰 ♂

男，7岁，兰欣儿的弟弟，年纪比较小，需要全队来保护，但同时又机灵敏捷，像个小大人似的喜欢说成熟的话，是个喜欢昆虫的宅少年。

卓玛 ♀

女，12岁，当地的土著人，淳朴善良勇敢，一直热心地帮助主角们渡过难关。

目 录

第一章

气泡大作战

啊！

大家发现蛇在泡泡中已经死去。

好像死了。

啊，到底是谁干的呀？

是啊，怎么会变成这样。

居然还有真空包装的蛇肉。

苏醒吧，刀锋螳螂！

刀锋螳螂

刀锋螳螂，让它尝尝你的厉害吧！

噗噗

狭口灵蛙

　　狭口灵蛙的原型是角蛙。角蛙的眼睛上方有凸起的三角形肉质小角，嘴巴尖，仿佛长了三个角似的。此凸起主要是为了让自己在充满落叶的环境中，能够模拟成落叶的形状。它们是伪装能手，身体是与落叶相同的黄棕色，与周边的环境很搭配，如果不动的话很难发现它。用树叶伪装不至于被天敌和猎物发现，等到有猎物经过时就扑上去。角蛙平时虽然动作慢，但性格比较有攻击性。它们为肉食性动物，用自己大大的嘴吃一些老鼠、青蛙、蜥蜴等，会先咬在嘴里让猎物窒息，分泌胃液后一点点吃下去消化掉。角蛙是两栖类动物，蝌蚪在水中生活，成体以陆栖为主，也可以入水。因此野生的角蛙能在陆地上和水域中摄食，在陆地上使用舌头捕捉猎物，在水中直接用下颌捕捉猎物。角蛙的幼体蝌蚪主要生活在小溪流动的温暖场所，食物有藻类、原生动物、昆虫、水生植物碎片等。雄性在繁殖季节会发出鸣叫，目的是呼喊雌性，而雌蛙就几乎不会叫或是只会发出低沉的喉音。角蛙的成长速度惊人，如果在食物充足的情况下，半年体长就可超过 10cm，由于外形十分有趣，因此常被人们饲养作为宠物。

第二章

灵魂驾驭者

27

累都写在你脸上了，走挺长时间了吧？

现在没工夫搭理你！

喂！要不要来点吃的？

香蕉！这个怎么好意思呢？

不过……

你的手环，要借我戴戴看！

看着还挺特别，借我戴戴看吧。

这可不是你能随便戴的。

31

41

45

驭灵锹虫

　　驭灵锹虫的原型是长颈鹿锯锹。长颈鹿锯锹属于鞘翅目锹甲科锯锹属，因其脖子像长颈鹿一样很长而得名，是世界上最长的锯锹。身体整体为扁平状，具有富有光泽的黑色外壳。雄性身体长度为 35 ~ 118mm，雌性为 31 ~ 56mm。广泛分布在东南亚地区。长颈鹿锯锹拥有锹甲虫中最长的上颚与最尖锐的锯齿状牙齿，没有下颚。上颚的末端有两个分叉，两边的牙齿不对称且稍有弯曲。上颚看上去有攻击性但其实咬力并不强大，牙尖看起来很锐利但实际上很容易崩断。长颈鹿锯锹虽然体型不大，却很有攻击性，如果不小心遇到一定要注意安全，小心被咬。成虫吃阔叶树的树液生存，寿命为 5 ~ 16 个月。雌性会在阔叶树的树干内产卵，卵孵化 7 ~ 14 个月时会形成蛹，经过 1 个月羽化为成虫。长颈鹿锯锹作为一种高人气的甲虫宠物，已经成功地在国内大量繁殖，十分容易饲养。

第三章

真假卓玛

49

真假茶叶蛋打架。

飞走

没想到这小家伙还真是个厉害的角色呢。

赶紧把它追回来。

丁凯做梦。

55

lucky

兰欣儿被飞鼠变成卓玛。

怎么，小家伙被吓到了？

哈哈

丁凯，快躲开！

嗖

卓玛？

你干什么呢？

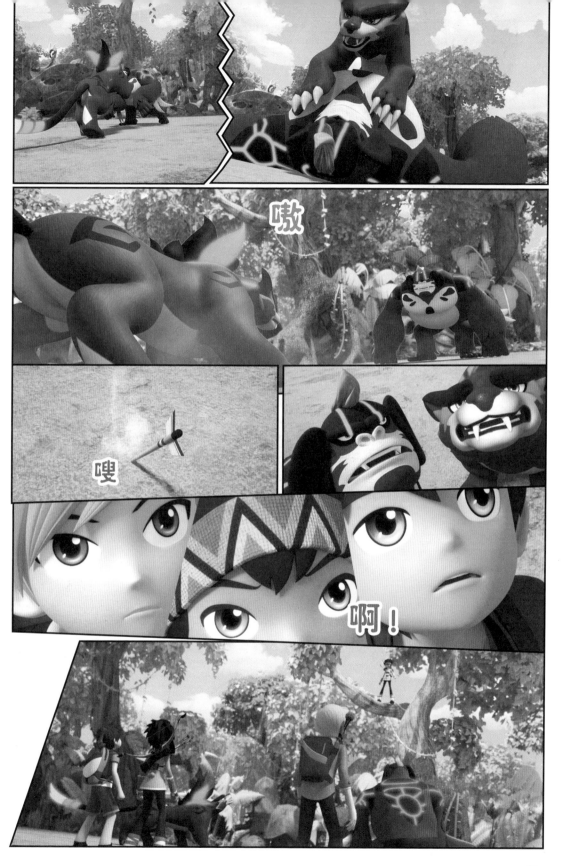

64

67

变回马诺。

马诺，趁现在。

你这小可爱，现在可是我的了。

漂亮，成功了，耶！

卓玛，刚刚说的秘密到底是什么呀？

都跟你说啦，是秘密。

啊，要疯了！

旋风飞鼠

　　旋风飞鼠的原型是鼯鼠。鼯鼠也称飞鼠或飞虎，属于哺乳纲啮齿目鳞尾松鼠科。一般成年鼯鼠体长约 25cm，尾巴几乎与身体等长。孕期 70 ~ 90 天，一般年产 1 胎，每胎产仔 1 ~ 4 只。鼯鼠多数分布在亚洲东南部的热带与亚热带森林中，喜欢栖息在针阔叶混交的山林中。习性类似蝙蝠，白天躲在悬崖峭壁的岩石洞穴、石隙或树洞中休息。夜晚会外出寻食，在清晨和黄昏活动得比较频繁。有固定排泄粪便的地方，素有"千里觅食一处便"的习性。以坚果、水果、植物嫩芽、昆虫和小型鸟类为食。它们行动敏捷，善于攀爬和滑翔，其飞膜可以帮助其在树中间快速滑行，但由于其没有像鸟类可以产生升力的器官，因此鼯鼠只能在树、陆中间滑翔。当它不开飞膜时，外形类似松鼠。鼯鼠的粪和尿可入药，中药称为五灵脂。鼯鼠因容易驯化，而常被人们作为通人性的宠物。近些年来，人类经济活动发展，开山采石，使其栖息地遭到一定的破坏；非法滥捕给种群生存带来严重威胁，种群数量不断减少。鼯鼠目前是受国家保护的有益的或者有重要经济、科学研究价值的陆生野生动物。

第四章

领地之争

飞机残骸

追击

熊狸

咣

74

喂，你要去哪儿?

想到了什么。

丁凯来到一个地方。

你在找什么呢?

反正现在受了伤也走不了多远，不如趁着在这儿休息，做个滑翔机再走怎么样?

我们要不要做个滑翔机。

是要飞过去吗?

从现在开始，凡是来到这里的，一个都不要放过。就算是在天上飞的，也绝不能让他们飞出去！

是，知道了。

我要让来到这儿的所有人，都付出应有的代价！

不过在那之前，先把黑凤蝶给我摆平了！

愤怒

看到花蜜被破坏

可恶，还我花蜜。

摆弄滑翔机

79

除了这些细枝，是不是要再找些更结实的回来啊，呃。

哇喔！

唉，你真是一点儿都没变啊。

真的特别甜。来吃吃看。

也好，又没什么特别急的事儿。

哇！真甜啊。果然很好吃。

啊！

挑事儿？现在做错了，还挑事儿的人可是你！

马诺，这家伙有股不寻常的力量，还是先甩开它吧。

好，虽说我根本不怕像你这样的灵兽，不过哥今天还有其他事，就先回去了。

你们今天都得变成石头。看招吧！

给我站住。

快闭眼，不要看它。

83

什么!

快把那家伙关进泡泡里!

噗噗

泡泡变成石头。

啊!

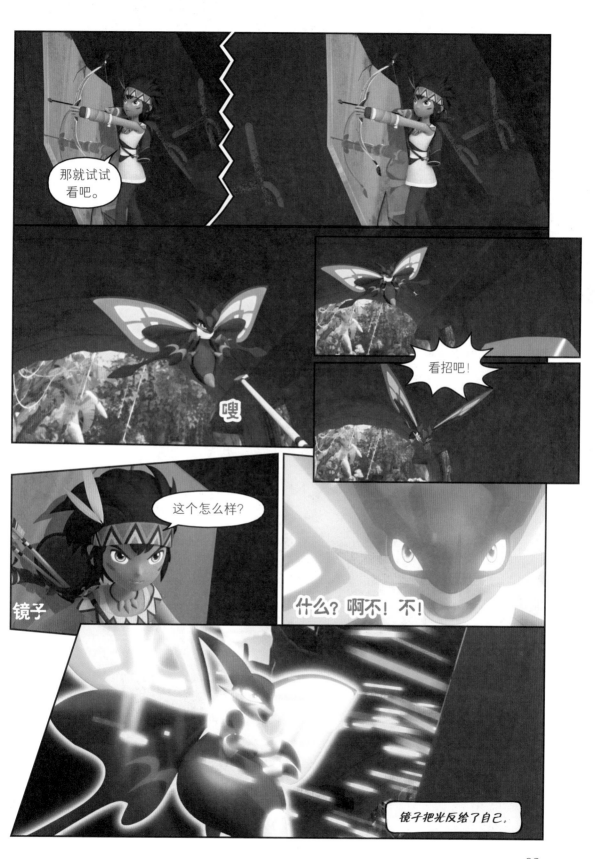

黑凤蝶

　　黑凤蝶的原型是红背翠叶红颈凤蝶。该蝶类是凤蝶科红颈凤蝶属的一种大型蝴蝶，翅展宽度雄蝶为 95 ~ 120mm，雌蝶为 115 ~ 145mm。腹部呈棕色，头部和胸部为黑色，在后颈和胸部下方有红色的绒毛，故又称红颈鸟翼蝶。蝶翅由黑色和绿色构成，遍布金绿色鳞片，在阳光照射下，变幻多彩，显得十分华贵美丽，其飞翔的姿态非常优美，活动能力强，常飞到离寄生植物很远的地方。春季体型小，夏季体型大，成虫喜欢在清晨和黄昏时采食野花花蜜、水果的汁液等。

　　成蝶全年可见，三月至七八月份较多，主要生活于海拔 500 ~ 1500m 的热带森林。在婆罗洲丛林的水道周围可以看到数十只雄蝶成群吸水的场面，这是为新生的雄蝶举行庆祝活动做准备，它们喝下含有无机物的水，吸收后剩下的水会通过腹部的孔将小水珠排出去。雌性在选择幼虫适合的食物之后，在叶背生下白色的卵，幼虫破壳后快速吃掉树叶，然后从蛹经过变态过程而成为蝴蝶。

　　红颈鸟翼凤蝶已被列入华盛顿公约，在中国被列为国家重点保护野生动物名录之一，是世界上非常珍稀的蝶类昆虫，同时也是马来西亚的国蝶。

第五章

危险的空中飞行

99

不过有几个奇怪的小孩儿来这里了。

哈哈哈，这下好吃的蜜可都是我的了。

他们用飞机里的东西做成了滑翔机，可能是想去什么地方。

什么？想在我的地盘上飞出去。

我怎么跟你们说的，敢在我地盘上撒野的人要受到什么惩罚来着？

不许他们在我的天空逗留,1秒钟都不行。

把他们全部干掉。

现在是北风。

这风正好适合起飞。

出发! 嗯!

跑

啊!

我,我,我也要飞出去吗?奇奇?

咬

102

转方向

这些小家伙们，居然敢挡住本王的天空。

给他们点颜色看看。

全都给我打下来。

遵命，全体集合！

各就各位，准备！

砰

呃啊！啊！

哈哈哈，小家伙们都掉下来了。现在，全员出动！把他们一个个都给我找出来。

跑

熊狸布列方阵。

回收！

来吧，现在惩罚的时间到了。

逼近丁凯。

丁凯，需要一次性解决它们。

被包围

那么，应该要遏制住那个家伙。

喂，你们一直都是这么打的吗？

怎么打？

驭灵锹虫

125

熊狸

　　熊狸学名貉獴、熊灵猫，是食肉目灵猫科哺乳动物。常年生活在树上，是典型的树栖动物，可以利用后腿与尾巴站起来，被戏称为"五腿兽"。熊狸是中国最大的一种灵猫科动物，雌性体形比雄性大，形似小黑熊。熊狸行走的时候脚掌着地，此点与熊相似；眼睛一遇强光会变成一道竖缝，此点很像猫。身体整体为黑色，被长而稀疏、粗糙而蓬松的黑棕色毛覆盖着。体长 70 ~ 80cm，体重 9 ~ 20 kg，长着一条与身长差不多长的粗壮尾巴。尾巴具有异于同科其他动物的缠绕功能，可以利用长尾巴悬吊在树上或把东西卷起来，在树枝间跳跃攀爬时也利用尾巴缠绕树枝协助维持平衡。它尾巴下面有气味腺，散发强烈的气味，把这个气味沾到树上标记领地。熊狸单独或群体生活在树上，栖息于热带雨林或季雨林中，广泛分布在印度、不丹、尼泊尔、中国等喜马拉雅地区和东南亚地区。

　　熊狸属于杂食性动物，主要以植物的花果、鸟卵、小鸟及小型兽类为食。熊狸每年 2 ~ 3 月发情交配，雌兽孕期大约 90 天。每胎能产 2 ~ 4 仔。野生熊狸最大可以活到 18 年，动物园中的熊狸也有活到 20 年，最高记录可达 26 年。

第六章

误入蚁穴

呃啊啊啊啊啊！呃，怎么办？
滑翔机失控了。

马诺，赶快召唤灵兽。

苏醒吧，七彩虎甲虫。

七彩虎甲虫，快去救欣儿她们。

快来救我。

啊！

129

131

蚂蚁们忙碌着。

蚁后过来。

吃

阿泰，那是……

不好，那是蚁后！
得赶快带她们逃出去了。

马诺。

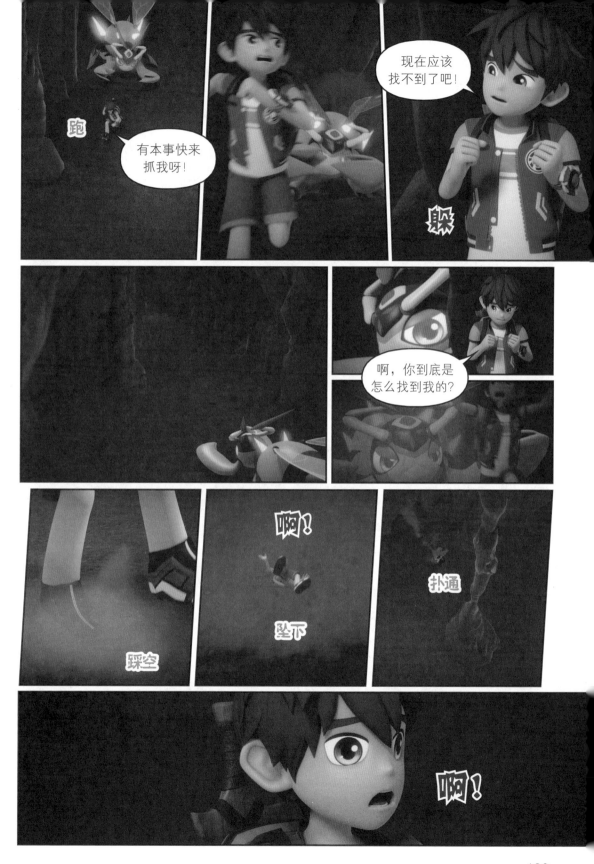

蚂蚁们走过来。

啊！这到底是怎么回事？

马诺，我们掉进蚁后的陷阱了！

哼，就这小把戏，根本难不倒哥。

正义之光，释放！

141

142

143

泡泡一个个破了。

啊，又出现了！

回收！

好，想跟我玩飞是吧，瞧好了。

苏醒吧，超音波甲虫！

超音波甲虫

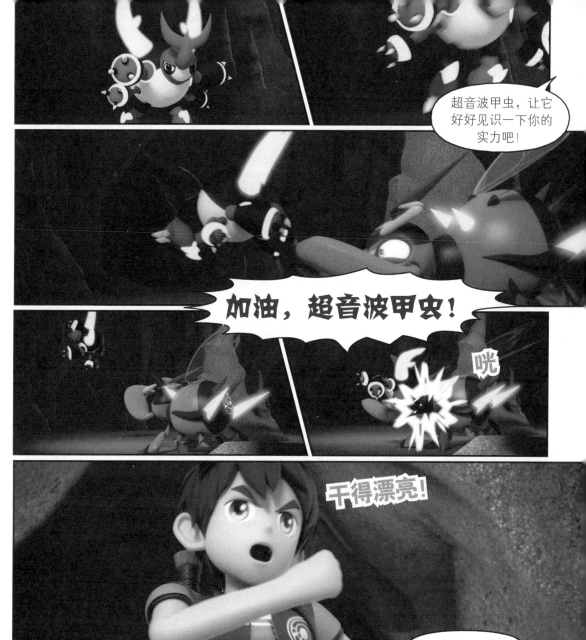

超音波甲虫，快继续攻击。

白蚁

　　白蚁属于昆虫纲白蚁科的昆虫，是一种半变态完全社会性昆虫。白蚁是自然环境中存在的能够高效降解木质纤维素的昆虫之一，地球陆地 2/3 面积上有白蚁分布，其中大部分集中在热带和亚热带地区。白蚁虽然长相和巢穴等与蚂蚁相似，但从昆虫的进化史来说，白蚁是一种比较古老而原始的昆虫类，与蟑螂的关系相接近，而蚂蚁则与蜜蜂的关系较为接近。

　　蚁群内品级分为蚁后、繁殖蚁、工蚁、兵蚁等，蚁后与繁殖蚁负责生育。白蚁群体寿命为 50 ~ 80 年，生存繁衍靠繁殖蚁来完成。每年 4 ~ 6 月份是繁殖季，成千上万只繁殖蚁从原群体蚁巢中迁飞出去，脱翅后的成虫雌雄个体结成配偶，创建新的群体，这就是又一代白蚁群体的开始。兵蚁是群体的防卫者，虽有雌雄之分，但不能繁殖。工蚁在群体中数量最多，约占 80% 以上，担任巢内很多繁杂的工作，如建筑蚁冢、开掘隧道、采集食物等。

　　白蚁食性很广，以植物性纤维素及其制品为主食。白蚁依靠肠子内的微生物的协助，才能使纤维素消化转变为可吸收利用的物质。白蚁找到可以食用的植物时会用激素传达情报，收到情报的白蚁会前来聚集，一直吃到植物消失为止。全球每年因白蚁危害造成直接的经济损失多达数百亿美元。但在很多自然生态系统中，它们也起到了重要作用。

　　白蚁是动物世界的建筑大师，它们建造的标志性土丘高度可达 3m 以上。这种"摩天大楼"采用白蚁嚼碎的树枝、泥土和粪便建造，内部环境非常舒适。白蚁建造的土丘通风堪称完好，犹如安装空调一般。